海洋生态环境保护知识问答

刘长安　主编

海洋出版社

2024年·北京

图书在版编目（CIP）数据

海洋生态环境保护知识问答 / 刘长安主编. —— 北京:
海洋出版社, 2024.4
ISBN 978-7-5210-0947-7

Ⅰ.①海… Ⅱ.①刘… Ⅲ.①海洋环境－生态环境保
护－中国－问题解答 Ⅳ.①X321.2-44

中国版本图书馆CIP数据核字(2022)第060285号

海洋生态环境保护知识问答
HAIYANG SHENGTAI HUANJING BAOHU ZHISHI WENDA

责任编辑：黄新峰
责任印制：安　淼

海洋出版社 出版发行
http://www.oceanpress.com.cn
北京市海淀区大慧寺路 8 号　　邮编：100081
鸿博昊天科技有限公司印刷　　新华书店经销
2024年12月第1版　　2024年12月第1次印刷
开本：889mm×1194mm　　1／32　　印张：2.5
字数：90千字　　定价：28.00元
发行部：010-62100090　　总编室：010-62100034
海洋版图书印、装错误可随时退换

《海洋生态环境保护知识问答》
编委会

主　　编：刘长安

副 主 编：陈全振　韩广轩　王明慧　杨　勇

编　　委：（按姓氏拼音排序）

　　　　　陈永梅　杜　萍　管　博　姜　洋　雷　威

　　　　　刘长安　刘怡芊　卢佳新　王　磊　王旖旎

　　　　　吴丰成　谢宝华　杨　勇　于彩芬　於俊杰

　　　　　张　帆　张馨露　张祎萌　张　悦　周胜玲

编写单位：国家海洋环境监测中心

　　　　　自然资源部第二海洋研究所

　　　　　中国科学院烟台海岸带研究所

　　　　　中国环境科学学会

绘图单位：北京点升软件有限公司

占地球表面积超过 70% 的海洋，关系着人类的生存和发展，海洋孕育了生命、联通了世界、促进了发展。党的十八大作出了建设海洋强国的重大部署，党的二十大报告提出"发展海洋经济，保护海洋生态环境，加快建设海洋强国"，将海洋强国建设作为推动中国式现代化的有机组成和重要任务，这是以习近平同志为核心的党中央对海洋强国建设作出的明确战略部署。进入新时代，我们要深刻认识海洋、深入思考海洋、深度经略海洋，努力建成"水清、岸绿、滩净、湾美、物丰、人和"的美丽海洋。

海洋生态环境是海洋生物生存和发展的基本条件，海洋可持续发展要求我们在开发海洋的同时，必须重视海洋生态环境的保护。近年来，大力推进污染防治攻坚战，扎实开展海洋陆源污染治理、海域污染治理、海洋生态保护修复和环境风险防范等工作，海洋生态环境状况总体稳中向好，海水质量总体有所改善，典型生态系统健康状况和生物多样性保持稳定，不过局部海域污染依然存在。

保护海洋生态环境是功在当代、利在千秋的一件要事，同时是摆在群众和政府面前的一项艰巨任务。公众既是海洋生态环境保护的受益者也是监督者，海洋生态环境与公众健康息息相关，海洋为人类提供了繁衍与发展所需要的营养物质和生活、生产场所，良好的海洋生态环境是人类健康生存和发展的基础，保护海洋生态环境就是保护我们自己。因此，向公众系统普及海洋生物多样性、海洋生态环境污染及危害、海洋生态保护修复等海洋生态环境保护知识非常必要。通过综合性、系统性、多层次、多角度的海洋生态环境保护科普教育，使公众增强海洋环保意识，树立海洋环保新观念，更好地保护海洋生态环境。

基于此，我们组织编写了《海洋生态环境保护知识问答》一书，用通俗易懂的语言，以图文并茂的方式，向公众介绍了海洋生态保护、海洋环境污染和危害、海洋灾害及气候变化、海洋环境保护法律制度等相关知识，让公众了解海洋、关心海洋，进而建设和保护我们的海洋。

本书的编写过程中，国家海洋环境监测中心、自然资源部第二海洋研究所、中国科学院烟台海岸带研究所、中国环境科学学会委派专家参与了本书的编写工作，同时自然资源部海洋发展战略研究所也给予了大力支持，在此致以诚挚的谢意！由于编者水平有限和时间仓促，书中难免出现一些疏漏错误，敬请读者指正。

编　者

2023 年 5 月

第三部分　海洋灾害及气候变化 ·························· 35

海洋生态环境保护 **知识问答**
HAIYANG SHENGTAI HUANJING BAOHU **ZHISHI WENDA**

第一部分

海洋生态保护

1 什么是海洋生态系统?

　　海洋生态系统是由海洋中生物群落及其环境相互作用所构成的多样化的自然系统。全球海洋是一个大生态系,其中包含许多不同等级的次级生态系。海洋生态系统的分类,按海区划分,一般分为浅海生态系统、深海生态系统、大洋生态系统、火山口生态系统、河口生态系统、海湾生态系统、上升流生态系统等;按生物群落划分,一般分为红树林生态系统、珊瑚礁生态系统、海草床生态系统等。

红树林生态系

珊瑚礁生态系

海草床生态系

2 什么是河口?

河口是半封闭的海岸水域,向陆延伸至潮汐水位变化影响的上界,有一条或多条通道与外海或其他咸水的近岸水域相通。海陆间的交互作用使得河口生态系统具有独特的生态环境特征,其区别于其他生态系统的一个重要标志是径流和潮汐的掺混,水体中的生物群落处于陆地和海洋生态系统之间的过渡状态。

3 什么是海湾?

海湾是被陆地环绕且面积不小于以口门宽度为直径的半圆面积的海域。

我国比较著名的海湾有渤海湾、莱州湾、辽东湾、胶州湾、杭州湾、北部湾等。很早以前,人们定居在海湾附近,来获取海湾中的鱼类和其他生物资源。后来,人们在这里发展贸易,建设港口,进行海水养殖活动。因此,海湾是海洋中受人类活动影响最大的区域,也是海洋经济发展的核心区域之一。海湾面积的大小代表了资源量的大小,包括空间资源、景观资源、生物资源等。

4 什么是滨海盐沼?

滨海盐沼是处于海洋和陆地两大生态系统的过渡地区,规则地或不规则地被海洋潮汐淹没,具有较高草本或低灌木植被覆盖度的一种湿地生态系统。

滨海盐沼是潮间带生态系统主要的初级生产者，其输出的有机物是浅海和光滩生物食物链的重要组成部分，并具有抵御风暴潮灾害、促淤护岸、降低洪灾风险、补充地下水、过滤污染物、净化海水、为野生动植物提供适宜生境等涉及海岸和近海生态系统的多种重要生态功能。

我国盐沼中主要优势植物有芦苇、大米草、互花米草、海三棱藨草、盐地碱蓬、短叶茳芏等，其中互花米草被列入中国第一批外来入侵物种名单。

5 什么是红树林？

红树林是指在热带与亚热带地区，海岸潮间带滩涂上生长的木本植物群落。由于涨潮时红树林被海水部分淹没仅树冠露出水面，被称为"海上森林"；有时完全淹没，只在退潮时才露出，也有人称为"海底森林"。它一般生长于陆地与海洋交界带的淤泥质滩涂，是陆地向海洋过渡的特殊生态系统。

6 什么是珊瑚礁？

珊瑚礁是由活珊瑚和已死亡的珊瑚骨骼所构成的特殊海底生境。

珊瑚礁是石珊瑚目动物形成的一种结构，它们是珊瑚的石灰质遗骸、其他生物的碳酸钙骨骼，共同堆积而成的一种礁石，由成千上万的珊瑚虫和骨骼在数百年至数千年的生长过程中形成。

珊瑚礁具有丰富的生物多样性、极高的初级生产力、快速的物质循环等特点，被誉为"蓝色沙漠中的绿洲""海洋中的热带雨林"，珊瑚礁还具有科学研究以及防浪护岸、保护环境、休闲娱乐等众多功能。

7 什么是海草床?

海草床是由一种或多种海草组成的海草群落。

海草是生长在热带到温带浅海中的显花植物。由海草构成的海草床生产力极高,为全球有机碳的重要汇集地,支撑着包括濒危物种,如儒艮在内的各种各样的海洋生物。

海草床具有固碳、指示水质、减弱海浪冲击力、减少沙土流失、巩固及防护海床底质和海岸线的作用。海草床还是许多动物的直接食物来源,为许多动物种类提供了重要的栖息地和庇护所。

8 什么是牡蛎礁？

牡蛎礁是由活体牡蛎、死亡牡蛎的壳及其他礁区生物共同堆积组成的聚集体。

牡蛎礁是由大量牡蛎固着生长于硬底物表面所形成的一种生物礁，广泛分布于温带和亚热带河口和滨海区。它除了可以为人类提供食物外，还具有许多重要的生态功能与服务价值，包括净化水体、提供栖息地、防止岸线侵蚀等。

9 什么是海藻场？

海藻场是指沿岸潮间带下区和潮下带水深30米以浅硬质底区的大型底栖藻类与其他海洋生物群落共同构成的一种典型近岸海洋生态系统，广泛分布于冷温带以及部分热带和亚热带海岸。形成海藻场的大型藻类主要有马尾藻属、巨藻属、昆布属、裙带菜属、海带属和鹿角藻属。

海藻场是地球生物圈中生物多样性最高的生态系统之一，在维持系统的生产力、稳定性和资源流动等方面发挥着重要作用。

10 什么是海岛及其周边海域生态系统？

海岛及其周边海域生态系统是指由维持海岛存在的岛体、海岸线、沙滩、植被、淡水和周边海域等生物群落和非生物环境组成的有机复合体。

11 什么是滨海湿地？

滨海湿地是指低潮时水深不超过 6 米的水域及其沿岸浸湿地带，包括水深不超过 6 米的永久性水域、潮间带（或者洪泛地带）和沿海低地等，但是用于养殖的人工的水域和滩涂除外。

滨海湿地具有蓄水调洪、抵御海岸侵蚀、防止海水倒灌、拦截陆源污染、净化水质、调节气候、固碳、护岸减灾、维持生物多样性等重要生态功能。

12 什么是海洋自然保护区？

海洋自然保护区是指以海洋自然环境和资源保护为目的，依法把包括保护对象在内的一定面积的海岸、河口、岛屿、湿地或海域划分出来，进行特殊保护和管理的海洋或海岸区域。

13 什么是海岸线?

海岸线是指多年大潮平均高潮位时海陆分界痕迹线,以国家组织开展的海岸线修测结果为准。

14 什么是生境?

生境是指生物的个体、种群或群落生活地域的环境,包括必需的生存条件和其他对生物起作用的生态因素。

15 什么是生态保护红线?

生态保护红线是指在生态空间范围内具有特殊重要生态功能、必须强制性严格保护的区域,是保障和维护国家生态安全的底线和生命线,通常包括具有重要水源涵养、生物多样性维护、水土保持、防风固沙、海岸生态稳定等功能的生态功能重要区域,以及水土流失、土地沙化、石漠化等生态环境敏感脆弱区域。

16 海洋生态保护红线的作用有哪些?

海洋生态保护红线是指具有特殊重要海洋生态功能,必须实施严格管控、控制性保护的区域,是保障和维护国家海洋生态安全的底线和生命线。通常包括重要河口、重要滨海湿地、特别保护海岛、海洋保护区、自然景观及历史文化遗迹、珍稀濒危物种集中分布区、重要滨海旅游区、重要砂质岸线及邻近海域、沙源保护海域、重要渔业水域、红树林、珊瑚礁、海草床及自然岸线等区域。

17 什么是生态系统健康?

　　生态系统健康是指生态系统保持其自然属性,维持生物多样性和关键生态过程稳定并持续发挥其服务功能的能力。

18 什么是海洋生态系统服务?

海洋生态系统服务是指以人类作为服务对象,以海洋生态系统自身为服务产生的物质基础,由生物组分、系统本身和系统功能产生,通过海洋生态系统和海洋生态经济复合系统实现的人类所能获得的各种惠益。

19 海洋生态系统服务分类有哪些?

海洋生态系统服务按服务的内容和作用分类可以分为供给服务、调节服务、文化服务和支持服务四大类。

供给服务是指人类从海洋生态系统中获取的各种产品。包括食品生产服务、原料供给服务和提供基因资源服务。

调节服务是指人类从发生在海洋生态系统内的各种生理生态过程和系统功能的调节作用中获取的各种惠益。包括气候调节、气体调节、废弃物处理、生物控制和干扰调节服务。

文化服务是指人类通过认识、开发、利用海洋生态系统,调整人与海洋关系的各种实践,改变自身的观念、思想、意识、心态,形成特有的生活方式、宗教文化、知识体系、艺术等形态。这一类包括休闲娱乐、精神文化、教育科研3项服务。

支持服务是指生产其他生态系统服务所必需的基础服务。初级生产服务、营养元素循环服务、物种多样性维持服务和提供生境服务均是这类服务。较其他类服务而言,支持服务对人类的影响要么是通过间接方式,要么是发生在一段很长的时间。

海洋生态系统服务按服务的空间差异性分类可以分为近岸海洋生态

系统服务和大洋生态系统服务。这两类服务都是海洋生态系统服务的有机组成部分，主要区别在服务产生和实现的空间不同。

20 海洋生物资源有哪些?

海洋生物资源是指海洋中蕴藏的经济动物和植物的群体数量，是有生命、能自行增殖和不断更新的海洋资源。其特点是通过生物个体或其种群的繁殖、发育、生长和新老替代，使资源不断更新，种群不断补充，并通过一定的自我调节能力达到数量相对稳定。主要包括鱼类资源（如鳀科、鲱科、鲭科、鲹科、竹刀鱼科、胡瓜鱼科和金枪鱼科等种类）、软体动物资源（如枪乌贼、乌贼和章鱼等头足类）、甲壳动物资源（如虾类、蟹类）、哺乳动物资源（如各类鲸及海豚、儒艮、海牛、海豹、海象、海狮及海獭等）、海洋植物（如各类海藻）。

21 滨海湿地水鸟主要包括哪些类群？

滨海湿地水鸟主要是指在生态上依赖于滨海湿地才能生存的鸟类，可大致分为游禽类和涉禽类两种生态类群水鸟，主要涉及雁形目、鸊鹈目、红鹳目、鹤形目、鸻形目、鹱形目、潜鸟目、鹲形目、鹳形目、鲣鸟目和鹈形目的部分鸟类。

22 什么是海洋初级生产力？

海洋初级生产力是指浮游植物、底栖植物（包括定生海藻、红树和海草等高等植物）以及自养细菌等生产者通过光合作用制造有机物的能力，也称为海洋原始生产力。一般以每天（或每年）单位面积所固定的有机碳（或能量）来表示。海洋初级生产力是最基本的生物生产力，是海域生产有机物或经济产品的基础，亦是估计海域生产力和渔业资源潜力大小的重要标志之一。

23 什么是海洋低等植物？

海洋低等植物是指生活在海洋中的单细胞群体或多细胞体，一般结构比较简单，没有根、茎、叶的分化，也不能形成胚的一类植物。低等植物包括菌类、藻类和地衣类植物。地衣是菌类和藻类所共生，也属于低等植物，在海洋中分布得很少。根据营养方式不同，藻类又称"绿色低等植物"，菌类又称"非绿色低等植物"。海洋中绿色低等植物和非绿色低等植物种类很多，它们在海洋生态系统中占有突出地位，是重要的生产者和分解者，对海洋物质的循环、能量的流动起着重要的作用。

24　什么是浮游生物？

浮游生物是指在水流运动的作用下，被动地漂浮在水层中的生物群。它们的共同特点是缺乏发达的运动器官，运动能力弱或完全没有运动能力，只能随水流移动，具有多种多样适应浮游生活的结构。

浮游生物虽然个体小，但是在海洋生态系统中占有非常重要的地位。它们的数量多、分布广，是海洋生产力的基础，也是海洋生态系统能量流动和物质循环的最主要环节。

25　什么是游泳生物？

游泳生物是指具有发达的运动器官、游泳能力很强的一类大型生物，包括海洋鱼类、哺乳类（如鲸、海豚、海豹、海牛等）、爬行类（如海蛇、海龟等）、海鸟以及某些软体动物（如乌贼）和一些虾类等。从种类和数量上看，鱼类是最重要的游泳生物。游泳生物大部分是肉食性种类，草食性和碎屑食性的种类较少，很多种类是海洋生态系统中的高级消费者。

26 什么是底栖生物?

底栖生物是由生活在海洋基底表面或沉积物中的各种生物所组成。海洋底栖生物种类繁多，它的群落有多种生产者、消费者和分解者。底栖植物只能生活在有光照的近岸区。通过底栖生物的营养关系，水层沉降的有机碎屑得以充分利用，并且促进营养物质的分解，在海洋生态系统的能量流动和物质循环中起很重要的作用。此外，很多底栖生物也是人类可直接利用的海洋生物资源。

27 什么是潮间带生物?

生活于海岸带处的位于最低低潮位和最高高潮位区域的一切生物（微生物、动物和植物）的总称。部分潮间带生物如掘足纲角贝、半索动物门、海鳃类软珊瑚、海树、硬骨珊瑚和多毛纲部分物种可以对海洋环境起到指示作用。

28 什么是海洋钻孔生物?

在海洋中，能穿凿木船、木竹建筑、红树、岩石、珊瑚礁以及贝壳等物体基质的生物，称为海洋钻孔生物。钻孔生物与污损生物不同，污损生物是生长在物体的表面，而钻孔生物则钻到物体内部。钻孔生物危害很大，主要是破坏海上设施，造成严重经济损失。

钻孔生物的种类包括海藻、海绵动物、苔藓动物、环节动物的多毛类、软体动物的双壳类、节肢动物的甲壳类和棘皮动物的一些种类，其中以双壳类和甲壳类最为主要，危害也最大。

29 什么是海洋爬行动物?

海洋爬行动物，即可以在海洋中生存的爬行动物，是再次适应水生环境或半水生环境的爬行动物。在大陆架水域中最常见的两种海洋爬行动物是海龟和海蛇，它们都是冷血动物，因此，这两种动物的种群数量都从热带向两极迅速递减。

现存海洋爬行动物主要包括海龟、海鳄和海蛇三类，已灭绝的有鱼龙、蛇颈龙等。

30 什么是海洋哺乳动物?

海洋哺乳动物是哺乳类中适于海栖环境的特殊类群,通常被人们称作海兽,是海洋中胎生哺乳、肺呼吸、恒体温、流线型且前肢特化为鳍状的脊椎动物。

海洋哺乳动物一般包括鲸目、鳍脚目、海牛目的所有动物,以及食肉目的海獭和北极熊。鲸目动物(如鲸、海豚)和海牛目动物(如儒艮、海牛)终生栖息在海里,为全水生生物;而鳍脚目动物(如海豹、海狮)需要到岸上进行交配、生殖和休息,食肉目的海獭和北极熊仅在海中捕食和交配,为半水生生物。生活在河流和湖泊中的江豚、贝加尔环斑海豹等,因其发展历史同海洋相关,也被列为海洋哺乳动物。

海洋哺乳动物是海洋中的一种特殊类群,它们既有哺乳类的许多共同特点,如胎生、哺乳、体温恒定、用肺呼吸等,又经过漫长的自然选择和演化过程,形成了其独特的形态结构、生理机能和生态习性以适应海洋生活,如体呈纺锤形以适应游泳、身体表面生长着一层厚厚的脂肪或毛以保持体温、前肢鳍状(水獭除外)等。

31 为什么要保护海洋生物多样性?

海洋生物多样性是人类赖以生存的宝贵财富。人类开发利用海洋生物资源应该遵循可持续发展的原则。必须清醒地意识到,海洋生物物种是海洋生物物种多样性的基本单位(成分),物种和物种多样性才能持续发展;海洋环境多样化是丰富海洋生态系统多样性的重要基础，生物与环境之间都必须依靠对方的正常运转，才能保持生态系统平衡而得以持续发展；为了当代人类的受益，更是为了造福后代子孙，必须采取保护海洋生物多样性的对策。例如，国家制定政策以保护与发展、局部与整体、眼前与长远利益相结合为原则，防止滥用生物资源；防止海洋生物环境污染；制定国家和地方级的海洋生物多样性保护对策和行动计划；提供必要的经费保障；加强重要物种及遗传资源的迁地保护，建立自然保护区；加强专业人才培养，促进科学研究。海洋生物多样性保护是全球海洋国家共同的任务，必须通过国际或地区合作、交流、共享信息和技术，才能使海洋生物多样性保护收到更大的成效。

32 什么是海洋食物链和食物网？

在海洋生物群落中，从植物、细菌或有机物开始，经植食性动物至各级肉食性动物，依次形成摄食者与被食者的营养关系称为食物链，也称营养链。食物网是食物链的扩大与复杂化，它表示在各种生物的营养层次多变的情况下，形成的错综复杂的网络状营养关系。物质和能量经过海洋食物链和食物网的各个环节进行的转换与流动，是海洋生态系中物质循环和能量流动的一个基本过程。

33 海洋生物多样性面临哪些威胁？

目前海洋生物多样性面临的威胁主要来自过度捕捞、海洋环境污染、生境丧失和退化以及外来物种入侵四个方面。

34 开展滨海湿地水鸟监测有何意义？

滨海湿地水鸟监测是生物多样性监测的重要指标和内容，也是鸟类生态学和野生动物管理学的重要研究课题之一，它不仅与鸟类受威胁状况评价、资源保护利用等方面密切相关，而且调查监测结果还可以作为评价区域生态环境质量的重要指标参数。

35 什么是海洋生态安全?

　　海洋生态安全是指海洋环境及海洋生物组成的生命系统处于不受或少受破坏与威胁的状态，海洋生态系统内部以及人类与海洋生态系统之间保持着正常的功能与结构。海洋生态安全主要包括 3 个方面内容，即海洋环境安全、海洋生物安全和海洋生态系统的安全。

海洋生态环境保护 知识问答

HAIYANG SHENGTAI HUANJING BAOHU ZHISHI WENDA

第二部分

海洋环境污染和危害

36 什么是海洋环境污染损害？

海洋环境污染损害是指直接或间接地把物质或能量引入海洋环境，产生损害海洋生物资源、危害人体健康、妨害渔业和海上其他合法活动、损害海水水质和减损环境质量等有害影响。

37 海洋污染物有哪些？

海洋污染物主要指由于人类活动直接或间接进入海洋环境而产生的有害影响的物质或能量。通常有以下几类：石油及其产品、重金属、农药、有机物和生活污水、放射性物质、热污染以及固体碎片等。

38 海洋污染的主要危害有哪些?

海洋污染的直接受害者,主要是海洋生物。例如,石油污染,在海面扩散成油膜,既遮挡阳光辐射,影响海洋植物的光合作用,又阻碍了海-气交换,导致大面积海水缺氧,进而危及海洋动物。再者,油膜和油块还会粘堵鱼鳃,或粘连鱼卵及幼鱼,既能导致动物窒息死亡,也可能使幼鱼致畸变异。重金属和有机物的污染,不仅使潮间带的生物类群种数剧减,也会造成海带腐烂,贝类死亡,鱼、虾、蟹遭殃或逃遁远徙,甚至累及附近的海鸟与海兽。人类自己有时也成为海洋污染的直接受害者,如溢油污染海滨浴场,引发入浴者过敏或皮炎病等。

海洋污染的间接受害者当然是人类自己。水产养殖的锐减或绝产,经济损失动辄以十万元计已屡见不鲜。鱼、虾、蟹类的远遁或减产,又使捕捞费用剧增，引发售价上涨，必然再累及广大消费者。食用了富集污染物的水产品，人体当然要受害。因误食被污染的蚶、蛤、鱼类而致中毒或染病的事件，也屡有报道，通过食物链而富集某些致癌物，对人类的危害更严重。可见人类污染了海洋，到头还是伤害了人类自己。

39 什么是海洋农药污染?

海洋农药污染是指农药及其降解产物在海洋环境中造成的污染。污染海洋环境的农药可分为无机和有机两类。前者指含汞、砷、铜、铅等重金属农药，后者包括对硫磷、内吸磷等有机磷农药以及 DDT、六六六等有机氯农药。

40 什么是海洋污损生物?

海洋污损生物也称海洋附着生物，是生长在船底和海中一切设施表面的动物、植物和微生物，是影响海洋设施安全与使用寿命的重要因素之一。当污损生物大量繁衍后会造成很大的危害，如增加船舶阻力、堵塞管道、加速金属腐蚀、使海洋设施的仪表及转动机件失灵、对声学仪器和浮标等产生影响、危害水产养殖等。

海洋污损生物的主要类群是海洋菌类、海洋藻类、水螅、海绵、外肛动物、龙介虫、双壳类、藤壶和海鞘等。

41 什么是海洋垃圾？

海洋垃圾是指丢弃或遗弃在海洋和沿海环境中的具有持久性的、人造的或经加工的固体废物，包括有意或无意弃置于海洋和海滩的物体，由河流、污水、暴风雨或大风等直接携带入海的物体。

海洋垃圾分为海面漂浮垃圾、海滩垃圾和海底垃圾。

海洋垃圾会影响海洋景观，威胁航行安全，破坏生物栖息地，甚至会缠绕海洋生物造成严重影响。

42 什么是海上倾倒？

海上倾倒又叫海上倾废，是指通过船舶、航空器、平台或者其他载运工具，向海洋处置废弃物和其他有害物质的行为，包括弃置船舶、航空器、平台及其辅助设施和其他浮动工具等的行为。

43 什么是海洋微塑料？

海洋微塑料是指海洋环境中尺寸小于 5 毫米的塑料。微塑料广泛存在于全球海洋沿岸、陆架边缘海以及开阔大洋中，在人迹罕至的深海和极地海域也有发现。微塑料由于尺寸小，容易被海洋生物摄食，影响海洋生物的生长、发育和繁殖，其生态环境风险不容忽视。

44 海洋微塑料危害有哪些？

一方面微塑料体积小，这就意味着更高的比表面积（比表面积指多孔固体物质单位质量所具有的表面积），比表面积越大，吸附的污染物的能力越强。环境中已经存在大量的多氯联苯等持久性有机污染物（这些有机污染物往往是疏水的，也就是说，它们不太容易溶解在水中，所以它们往往不能随着水流随意流动），一旦微塑料和这些污染物相遇，正好聚集形成一个有机污染球体。微塑料相当于成为污染物的"坐骑"，二者可以在环境中到处游荡。

另一方面，微塑料部分来源于塑料制品，本身可能会释放有毒有害物质，对海洋环境造成直接危害。一个塑料袋的平均使用时间或许只有几十分钟，但是想要实现降解至少需要几百年，同时微塑料容易被海洋生物吞食，在海洋生物体内蓄积，危害海洋生物安全。科学研究已经证实，海洋中的微塑料污染对海洋生物的生长、发育、躲避天敌和繁殖能力皆有不同程度的影响。此外，微塑料作为载体，可能携带外来物种及潜在病原菌危害海洋生态系统的稳定。

45 什么是生物累积?

生物通过吸附、吸收和吞食作用,从周围环境中摄入污染物并滞留体内,当摄入量超过消除量,污染物在体内的浓度会高于水体浓度,包括生物浓缩和生物放大。生物机体对化学性质稳定的物质的积累性可作为环境监测的一种指标,用以评价污染物对环境的影响,研究污染物在环境中的迁移转化规律。某些生物种类比同一环境中的其他种类有特别强的累积能力,常被称为"累积者生物"。例如,褐藻能大量累积锶元素,地衣能积累铅元素,水生的蓼属植物能积累杀虫剂残留等。这些生物可以作为指示生物,甚至可以作为重金属污染的生物学处理手段。因此,对生物累积的研究,具有重要的理论和实践意义。

46 什么是海水富营养化?

海水富营养化是指海水中氮、磷等营养盐含量超过正常水平,导致某些海洋生物生长、繁殖异常,进而引起海洋生态系统结构和功能异常的现象。

47 什么是海洋沉积物?

　　海洋沉积物是指各种海洋沉积作用所形成的海底沉积物的总称，是以海水为介质沉积在海底的物质。沉积作用一般可分为物理的、化学的和生物的 3 种不同过程，由于这些过程往往不是孤立地进行，所以沉积物可视为综合作用产生的地质体。传统上，按深度将沉积物划分为：近岸沉积（0～20 米），浅海沉积（20～200 米），半深海沉积（200～2 000 米），深海沉积（大于 2 000 米）。

48 什么是海洋环境容量?

　　海洋环境容量是指在充分利用海洋自净能力并且不造成海洋污染损害的前提下，某一海域所能接纳的污染物最大负荷量。海洋环境容量的大小，反映了该海域自净能力的强弱。环境容量越大，海域可接受的污染物数量就越多。海洋环境容量的概念，主要应用于海洋环境的质量管理，即对各污染源的排放总量进行控制。例如，对于某一海域，即使各个污染源都符合国家规定的排放浓度，但由于各个污染源的叠加作用，就有可能使该海域接纳的污染物总量超过它的最大负荷量，从而使环境受到损害。相应的先根据某一海域的环境容量，计算出每个污染源的可排放量，再求出各污染源的允许排放浓度，就可以使该海域的环境质量维持良好状态。

49　什么是海洋环境质量？

海洋环境质量是指海洋环境的总体或要素（水质、底质或生物等）对人类的生存和繁衍以及社会经济发展的适宜程度，是反映人类的具体要求而形成的对海洋环境评定的一种概念。确定海洋环境质量，要进行海洋环境质量评价。要进行评价就必须有标准，这就产生了"海洋环境质量标准"，如"海水水质标准"和"海洋底质标准"等。可见，海洋环境质量和海洋环境标准是密不可分的。

50　什么是海洋环境噪声？

海洋环境噪声也称"海洋噪声""自然噪声"或"背景噪声"。即海洋本身的噪声。这种噪声存在于海洋环境本身而不受人们的控制。海洋环境噪声的频率范围是从零点几赫到近 100 千赫。低于 10 赫的噪声，主要是由地震、水下火山爆发、风暴等所引起。10 ~ 150 赫的噪声，主要是远处的航船产生的。风、雨、波浪所产生的噪声与局部天气状况有关；100 赫以上的噪声与风速有很大关系。海洋中水分子热运动引起的噪声的频率在 60 千赫以上。此外，还有海洋中生物发声造成的海洋生物噪声、湍流与粗糙海底相互作用产生的噪声、海冰与风或海水作用以及海冰破裂发出的噪声等。研究这些噪声，可以预报其特性，为声呐设计与使用服务，同时也推动各有关学科（如动力海洋学、海洋生物学）的发展。

51 什么是入海排污口？

入海排污口是指直接或者通过管道、沟、渠等排污通道向海洋环境水体排放污水的口门，包括工业排污口、城镇污水处理厂排污口、农业排污口及其他排污口等类型。

52 什么是海上焚烧？

海上焚烧是指以热摧毁为目的，在海上焚烧设施上，故意焚烧废弃物或者其他物质的行为，但是船舶、平台或者其他人工构造物正常操作中所附带发生的行为除外。

53　什么是陆地污染源?

陆地污染源简称"陆源"，是指从陆地向海域排放污染物，造成或者可能造成海洋环境污染的场所、设施等。

54　什么是海洋溢油?

海洋溢油是指大量泄漏到海洋里的石油所造成的灾害。

海洋溢油来源是多方面的，主要由船舶碰撞、翻沉、海洋采油平台储油输油设施泄漏所带来。

55　海洋溢油污染的主要危害有哪些?

原油及其炼制品是复杂的化学混合物，它不仅具有火灾和爆炸危险，而且对人体有害，当溢到海面上或河流中会造成水体污染，还会给水生物带来危害。

溢油危害可分为健康危害和环境危害。

健康危害：溢油对健康的危害最典型的是苯及其衍生物，它可以影响人体血液，长期暴露在这种物质的环境中，会造成较高的癌症风险。这种危害主要来源于新鲜油，对已风化的油来说，这种危害性已大大降低。苯及其苯类物质对人体危害的急性反应症状有味觉反应迟钝、动作反应迟缓、头痛、流泪和昏迷等。

环境危害：溢油本身具有毒性，进入海洋后对海洋环境的危害也是多方面的。从自然环境到野生动物，从自然资源到养殖资源等，都会受到不同程度的危害，并且这种危害的周期往往是很长的，因此溢油事故发生时，应立即采取应急措施。

56 核废水与核污水有何区别？

核废水是指核电站正常运行产生的废水，而核污水主要是指在核能发电过程中产生的含有放射性物质的污水，两者的产生和性质是不同的。

核废水主要来自核反应堆本身的冷却水循环系统。核反应堆运行时需要大量的冷却水来降低温度，在这个过程中会形成核废水。核废水只是用于冷却，会进行非常严密的处理，然后再排放。

核污水则来源于核电厂的其他维护和处理系统，如过滤系统、清洗系统等。由于包含了比核废水更多的放射性元素，核污水的危害性更大。而福岛核电站事故造成的污染水，更是来源于堆芯的冷却水和进入反应堆芯的雨水、地下水等。这种水是直接跟熔化后的反应堆堆芯相接触的，其中含有高强度辐射物质，会对环境和人类健康造成重大影响。

海洋生态环境保护 **知识问答**

HAIYANG SHENGTAI HUANJING BAOHU **ZHISHI WENDA**

第三部分

海洋灾害及气候变化

57 什么是海洋灾害?

海洋自然环境发生异常或激烈变化,导致在海上或海岸带发生的严重危害社会、经济、环境和生命财产的事件,称为海洋灾害。

58 海洋灾害的类型有哪些?

海洋灾害包括海洋环境灾害、海岸带地质灾害和海洋生态灾害等。其中,海洋环境灾害主要包括风暴潮灾害、海浪灾害、海冰灾害;海岸带地质灾害主要包括海岸侵蚀、海水入侵以及土地盐渍化、港口航道海湾淤积、海岸荒漠化和水土流失、地震、沿岸沙土液化、沿岸滑坡崩塌等其他地质灾害;海洋生态灾害主要包括赤潮灾害、病原生物灾害、海洋外来入侵生物灾害。

59 什么是海洋生态灾害?

海洋生态灾害是指受自然环境变化或者人为因素影响，导致一种或者多种海洋生物暴发性增殖或者高度聚集，对海洋生态系统结构和功能造成损害。

60 什么是海冰?

海冰是海洋中各类型冰的总称。主要是指海水在临界冰结温度下形成的咸水冰，也包括由陆地河流注入海洋的淡水冰和极地大陆冰川或山谷冰川崩裂滑落海中的冰山。

61 什么是海浪?

海浪是由风引起的海面波动现象，主要包括风浪和涌浪。按照诱发海浪的大气扰动特征来分类，由热带气旋引起的海浪称为台风浪；由温带气旋引起的海浪称为气旋浪；由冷空气引起的海浪称为冷空气浪。

62 什么是海浪灾害?

因海浪引起的船只损坏和沉没、航道淤积、海洋石油生产设施和海岸工程损毁、海水养殖业受损等经济损失和人员伤亡，通称为海浪灾害。

63 什么是海岸侵蚀?

　　海岸侵蚀是由自然因素、人为因素引起的岸线位置后退,或滩面下蚀、变窄变陡的地质灾害现象。

　　海岸侵蚀现象普遍存在。河流改道或入海泥沙减少、海面上升或地面沉降、海洋动力作用增强等都是导致海岸侵蚀的重要原因,但人类活动无疑对海岸侵蚀也产生明显影响,如拦河坝的建造,大量开采海滩沙、珊瑚礁,滥伐红树林以及不适当的海岸工程设置等,均会引起海岸侵蚀。由于海岸侵蚀使土地大量失去、海岸构筑物破坏、海滨浴场退化、海滩生态环境恶化,从而成为一种严重的海岸带地质灾害,必须引起高度重视,并加强海岸带管理,采取有效措施防止海岸侵蚀。

64 什么是海水入侵?

海水入侵是指由于自然或人为原因，海滨地区地下水水动力条件发生变化，使海滨地区含水层中的淡水与海水之间的平衡状态遭到破坏，导致海水或与海水有水力联系的高矿化地下咸水沿含水层向陆地方向扩侵的现象。

滨海地区人为超量开采地下水，会引起地下水位大幅度下降，海水与淡水之间的水动力平衡被破坏，导致咸淡水界面向陆地方向移动。

65 什么是海平面?

　　海平面是消除各种扰动后海面的平均高度,一般通过计算一段时间内观测潮位的平均值得到。根据时间范围的不同,有日平均海平面、月平均海平面、年平均海平面和多年平均海平面等。

66 什么是海平面变化?

　　全球海平面变化主要是由海水密度变化和质量变化引起的海水体积改变造成的。全球海平面变化具有明显的区域差异,区域海平面变化除受全球海平面变化影响外,还受区域海水质量再分布、淡水通量和陆地垂直运动等因素的影响。

67 什么是台风?

台风,属于热带气旋的一种。热带气旋是发生在热带或副热带洋面上的低压涡旋,是一种强大而深厚的"热带天气系统"。我国把南海与西北太平洋的热带气旋按其底层中心附近最大平均风力(风速)大小划分为 6 个等级,其中风力达 12 级或以上的,统称为台风。

68 什么是风暴潮?

风暴潮是热带气旋、温带气旋、海上飑线等风暴过境所伴随的强风和气压骤变而引起叠加在天文潮位之上的海面振荡或非周期性异常升高(降低)现象。

69 什么是风暴沉积?

　　风暴沉积是风暴活动造成的高能条件在短时期内强烈改变海滩的形态,对内滨及前滨发生侵蚀,形成强劲的向海底层回流,使大量沉积物向海搬运,在内滨、滨面形成的沉积。

　　风暴沉积在剖面的层序上具有明显规律性,反映了风暴发展阶段的更替,自下而上依次有:(1)侵蚀面;(2)底部滞留沉积,砾石成分为生物碎屑、泥砾及岩屑,厚数厘米至数十厘米;(3)细砂,具有水平至低角度平行层理,在三维方向上则为丘状交错层理,在垂直方向上具有粒序层理,厚数十毫米至数米;(4)风暴后泥质沉积,具生物扰动及潜穴构造、水平层理。

侵蚀

沉积

风暴活动造成的高能条件在短时期内强烈改变海滩的形态,对内滨及前滨发生侵蚀,形成强劲的向海底层回流,使大量沉积物向海搬运,在内滨、滨面形成沉积。

70 什么是海啸?

海啸是由海底地震、火山爆发或巨大岩体塌陷和滑坡等导致的海水长周期波动,能造成近岸海面大幅度涨落。根据引发海啸的原因可分为地震海啸、滑坡海啸和火山海啸;根据海啸源与受影响沿海地区的距离可分为局地海啸、区域海啸和越洋海啸。

71 什么是赤潮?

赤潮是海洋浮游生物在一定环境条件下暴发性增殖或聚集达到某一密度,引起水体变色或对海洋中其他生物产生危害的一种生态异常现象,又称有害藻华。

按照《赤潮灾害应急预案》,赤潮可以分为有毒赤潮、有害赤潮和其他赤潮三种类型。有毒赤潮特指能引起人类中毒甚至死亡的赤潮。有害赤潮是指对人类没有直接危害，但可通过物理、化学等途径对海洋自然资源或海洋经济造成危害的赤潮。其他赤潮是指不产生毒素、尚未有造成海洋自然资源或海洋经济危害记录，但可能对海洋生态系统造成潜在影响的赤潮。

72 什么是绿潮？

绿潮是海洋中一些大型绿藻（如浒苔）在一定环境条件下暴发性增殖或聚集达到某一水平，导致生态环境异常的一种现象。绿潮分布面积是指绿潮分布包络线内海域的面积。绿潮覆盖面积是指绿潮覆盖海表面的面积之和。

73 什么是外来海洋生物入侵？

外来海洋生物入侵是指非本地海洋物种由于自然或人为因素从原分布海域进入本地海域（进化史上不曾分布）的地理扩张过程。

74 外来入侵生物互花米草的危害有哪些？

互花米草成为我国滨海湿地生态系统中最严重的入侵植物，不仅挤压其他植物生存空间，破坏底栖生物、鱼类和鸟类栖息环境，改变沿海滩涂生态系统结构，导致滨海湿地生态系统退化、生物多样性降低，严重威胁我国滨海湿地生态系统安全，而且阻碍潮水的正常流动，降低江河入海口泄洪能力，影响人民群众的生产生活，制约沿海地区经济社会可持续发展。

（1）破坏生物多样性。互花米草的入侵不同程度地侵占本土生物生存空间，形成单一互花米草植物群落，破坏近海生物栖息环境，导致原生物群落生境空间破碎化、生物多样性下降。

（2）破坏生态环境。互花米草密度大，具有很强的促淤作用，形成的"大坝"阻挡潮水影响海水交换能力，导致水质下降，并诱发赤潮，破坏潮间带其他区域的生态环境。

（3）影响旅游业及水产养殖业。互花米草侵占本地海洋生物繁殖与生长滩地，海滩蟹类、贝类等动物在互花米草侵占区基本消失，对旅游业及水产养殖业造成损失。

75 什么是海洋毒素？

海洋毒素是存在于海洋生物体内的有强烈毒性的一类海洋天然有机化合物。有些海洋毒素的分子结构简单，如沙蚕毒素的分子只有 5 个碳原子，分子式为 $C_5H_{11}S_2N$；另一些海洋毒素却非常复杂，如沙海葵毒素含有 129 个碳原子，分子式为 $C_{129}H_{221}N_3O_{54}$。由于许多海洋毒素具有专一的、高度的生理活性，因此是研究分子结构与生理活性关系的好材料。

海洋中有数千种有毒生物，存在的毒性成分是大自然赐予人类的宝贵财富。重要的海洋毒素有河豚毒素、石房蛤毒素、肉毒鱼毒素、沙海葵毒素、海兔毒素、鱼腥毒素、海参毒素和沙蚕毒素等。它们大多数是以最先被发现的含有毒素的海洋生物种属名称命名的。海洋毒素不但具有强烈的毒性，而且具有广泛的药理效应。

76 什么是海洋热浪？

海洋热浪是指海域水温异常超高，海洋温度上升，并持续时间超长的海洋灾害。海洋热浪对海洋生态系的破坏非常直接，不仅会导致虫黄藻离开珊瑚，从而导致珊瑚白化与死亡，其海域海水超长时期的高温也影响着鱼类，最终会导致大面积的鱼类逃离或死亡，最终会导致海洋荒漠化。

77　什么是蓝色碳汇？

蓝色碳汇是指一定时间周期内海洋储碳的能力或容量。海洋储碳包括无机的、有机的、颗粒的、溶解的碳等各种形态。海洋中95%的有机碳是溶解有机碳（DOC），而其中95%又是生物不能利用的惰性溶解有机碳（RDOC），世界大洋中RDOC的储碳量大约是6500亿吨，储碳周期约5000年，它们与大气CO_2的碳量相当，其数量变动影响全球气候变化。

海洋中存在数量巨大的微型生物，它们是海洋RDOC的主要生产者，它们可以利用活性溶解有机碳（LDOC）支持自身的代谢，同时产生RDOC。生物来源的RDOC构成了海洋RDOC库的主体，由于RDOC在海水中的代谢周期很长，所以相当于将大气中的CO_2封存在海里面。在海水中LDOC的浓度较低，而RDOC的浓度较高，微型生物作用将低浓度的LDOC转化为高浓度的RDOC就好像将水从低水位抽到了高水位，所以这一机制被形象地称为微型生物碳泵。

滨海蓝碳广义上指盐沼湿地、红树林和海草床等海岸带高等植物以及浮游植物、藻类和贝类生物等，在自身生长和微生物共同作用下，将大气中的CO_2吸收、转化并长期保存到海岸带底泥中的这部分碳，以及其中一部分从海岸带向近海大洋输出的有机碳。

78　什么是海洋酸化？

海洋酸化是指海洋吸收、释放大气中过量CO_2使海水逐渐变酸。自工业革命以来，海洋大约吸收了人类向大气排放CO_2中的1/3，海水pH值下降了0.1。随着大气中CO_2体积分数持续增高，海洋吸收

CO_2 的量也在不断增加，最终改变了海洋自身碳酸盐的化学平衡，使依赖于化学环境稳定性的多种海洋生物乃至生态系统面临巨大威胁。随着海洋酸化的加速，影响对人类健康至关重要的资源的数量和质量，人类健康问题日益明显。

79 海洋酸化对海洋物种有哪些影响?

从全球和历史上看，海洋提供了渔业和水产养殖的关键资源。海洋酸化及其化学变化会对处于关键生命史阶段（如卵、幼虫、幼鱼和成虫）的可食用海洋物种的生理结构产生直接影响，从而改变它们的生存能力和可食用性。对于具有重要商业价值的鱼类种群，特别是野生捕捞渔业，关注的重点是因海洋酸化而中断的种群水平过程。例如，存活下来进入渔业的鱼类数量。因此，早期生命史阶段一直是研究的重点。在鱼类方面，研究发现，CO_2 的增加对某些生物（如夏季比目鱼、牙鲆和大西洋鳕鱼）

的卵和早期幼虫阶段的存活率有负面影响。同样，生殖过程也是一个重点，分析表明海洋酸化对不同生物群体（如鱼类、软体动物、棘皮动物和甲壳动物）的生存、生长、发育和繁殖有负面影响。此外，在一些地区，由于碳酸盐饱和度降低和无法长壳的幼体（如美国西海岸的牡蛎）的死亡，沿海水域的贝类养殖已经在减少。

80 珊瑚礁退化的原因是什么？

造成珊瑚礁退化的原因主要有两个方面：一方面，从自然角度而言，海水升温、珊瑚疾病、长棘海星暴发使多彩繁盛的珊瑚礁变成了荒无"鱼"烟的白色坟场；另一方面，珊瑚礁还面临着过度捕捞、环境污染和海岸工程破坏等人类活动的威胁。

第四部分

海洋环境保护
法律制度

81 什么是海洋环境保护法律制度？

海洋环境保护法律制度是调整海洋开发和环境保护的社会关系的法律、规章、规范等的总称。其主要目的和基本任务是正确处理海洋开发和环境保护的关系、保护海洋环境及资源、防止污染损害、保护生态平衡、确保海洋环境及资源的合理开发利用，以创造更优美的工作和生活环境。

有关此类法律规章和规范包括有关特殊保护区的法规、防止船舶造成的海洋污染的规范、防止陆源污染的规范、有关倾倒废弃物管理的规范、防止海底矿产资源勘探开发造成的海洋污染的规范、防止经由大气造成的海洋污染的规范、防止围海造田以及海洋工程造成环境损害的规范等。近年来，又有一些综合性的海洋环境保护法规，其目的已不局限于防止污染，而是从保护环境的角度出发，对有关开发利用海洋的各种关系进行综合调整，采取综合性的整治措施，以取得最佳的经济效益、环境效益和生态效益。

82　我国第一部海洋环境保护法律文件是什么?

　　《中华人民共和国海洋环境保护法》是为了保护和改善海洋环境，保护海洋资源，防治污染损害，保障生态安全和公众健康，维护国家海洋权益，建设海洋强国，推进生态文明建设，促进经济社会可持续发展，实现人与自然和谐共生，制定的第一部海洋环境保护法律文件。

83　《中华人民共和国海洋环境保护法》的适用范围是什么?

　　本法适用于中华人民共和国管辖海域。

　　在中华人民共和国管辖海域内从事航行、勘探、开发、生产、旅游、科学研究及其他活动，或者在沿海陆域内从事影响海洋环境活动的任何单位和个人，应当遵守本法。

在中华人民共和国管辖海域以外，造成中华人民共和国管辖海域环境污染、生态破坏的，适用本法相关规定。

84 什么是自然岸线控制制度？

国家严格保护自然岸线，建立健全自然岸线控制制度。沿海省、自治区、直辖市人民政府负责划定严格保护岸线的范围并发布。

沿海地方各级人民政府应当加强海岸线分类保护与利用，保护修复自然岸线，促进人工岸线生态化，维护岸线岸滩稳定平衡，因地制宜、科学合理划定海岸建筑退缩线。

85 我国海域排污总量控制制度有哪些？

2018 年，国家海洋局印发了《关于率先在渤海等重点海域建立实施排污总量控制制度的意见》以及《重点海域排污总量控制技术指南》标志着"重点海域排污总量控制制度"在我国正式实施。同年，大连湾、胶州湾、象山港、罗源湾、泉州湾、九龙江—厦门湾、大亚湾等重点海湾，以及天津市、秦皇岛市、连云港市、海口市、浙江全省等地区，全面建立实施排污总量控制制度；渤海其他沿海地市全面启动排污总量控制制度建设。

86 什么是海洋倾倒许可证制度？

中国海洋倾倒所实行的许可证制度，是按照《中华人民共和国海洋环境保护法》第七十一条的规定，需要倾倒废弃物的，产生废弃物的单位应当向国务院生态环境主管部门海域派出机构提出书面申请，并出具废弃物特性和成分检验报告，取得倾倒许可证后，方可倾倒。

87 什么是《联合国海洋法公约》？

《联合国海洋法公约》（以下简称《公约》），是国际间的一个多边条约，是迄今为止国际海洋法制度的最全面的总结。1982年，由第三次联合国海洋法会议通过；同年12月10日至1984年12月9日，在牙买加蒙特哥贝或美国纽约联合国总部开放签字。至1984年12月9日，共有159个国家和实体在公约上签字。我国于1982年12月10日签署了该公约。截至1993年11月16日，圭亚那批准了《联合国海洋法公约》，至此批准《公约》的国家已达60个。根据《公约》第308条的规定，《公约》在1994年11月16日生效。《公约》分17部分，共320条和9个附件，主要部分有领海和毗连区、用于国际航行的海峡、群岛国、专属经济区、大陆架、公海、岛屿制度、闭海或半闭海、内陆国出入海洋的权利和过境自由、国际海底区域、海洋环境保护和保全、海洋科学研究、海洋技术的发展和转让等。《公约》的许多规定体现了国际海洋法的最新发展。《公约》的制定和通过标志着国际海洋法进入了一个新的发展阶段。

88 什么是海洋生态保护补偿？

海洋生态保护补偿是指通过财政纵向补偿、地区间横向补偿、市场机制补偿等机制，对按照规定或者约定开展生态保护的单位和个人予以补偿的激励性制度安排。

89 什么是海洋生态损害补偿？

海洋生态损害补偿是指从事海域开发利用活动的单位或个人，履行海洋生态损害补偿责任，对其造成的海洋生态损害进行补偿。

90 常见海洋生态环境监测任务有哪些？

常见海洋生态环境监测任务有近岸海域海水环境质量监测、海洋沉积物监测、海洋生物多样性监测、海域生态系统健康状况监测、重点海湾海洋环境监测、陆源入海排污口及邻近海域监测、海洋垃圾监测、临海工业用海区监测、自然保护区海洋生态示范性环境监测等。

91 如何科学开展滨海湿地水鸟监测?

由于滨海湿地水鸟监测工作存在较强的人为主观因素,往往造成监测数据误差过大,无法准确地反映滨海湿地水鸟现状。因此,迫切需要统一的监测技术标准。《滨海湿地鸟类监测技术规程》规定了滨海湿地水鸟监测相关的技术要求,包括监测原则、监测程序、监测对象、监测内容和指标、监测时间和频次、监测样线和样点、监测方法、数据处理、监测报告、质量控制和安全管理等方面的内容。该标准极大地提高了滨海湿地水鸟监测工作的客观性、科学性、准确性,为滨海湿地水鸟监测工作的顺利开展提供了有重要参考价值的技术规范。

92 什么是海洋环境评价?

海洋环境评价是根据不同的目的要求和环境标准,对某一海域的水质、底质和生态环境状况进行的评价和预测。它为海域的环境规划和管理以及污染防治提供科学依据。海洋环境评价分海洋污染危害程度评价和海洋工程及海洋资源开发的影响评价,分别称"现状评价"和"影响评价"。

93 什么是海洋环境评价制度?

海洋环境评价制度是海洋开发建设项目实施前,对可能给周围环境带来的影响,进行科学的预测和评估,制定防止和减少环境损害的措施,编写环境影响报告书或填写环境影响报告表,报经主管部门审批后再进行设计和建设的各项规定的机制。

94 什么是海水水质标准?

海水水质标准是为保护人体健康和海洋自然资源,按照海水用途所规定的海域水质污染最高容许限度。海水水质标准是海洋环境质量标准的主体,是判断海水是否受到污染的准则,是海洋污染物排放标准的依据,也是海洋环境保护法规的执法尺度。

95 什么是沿海陆域?

沿海陆域是指与海岸相连,或者通过管道、沟渠、设施,直接或者间接向海洋排放污染物及其相关活动的一带区域。

96 什么是海洋经济?

海洋经济是指开发、利用和保护海洋的各类产业活动以及与之相关联活动的总和。依据《海洋及相关产业分类》(GB/T 20794—2021),将海洋经济活动划分为海洋产业、海洋科研教育、海洋公共管理服务、海洋上游相关产业和海洋下游相关产业。

97 海洋产业包括什么?

海洋产业包括海洋渔业、沿海滩涂种植业、海洋水产品加工业、海洋油气业、海洋矿业、海洋盐业、海洋船舶工业、海洋工程装备制造业、海洋化工业、海洋药物和生物制品业、海洋工程建筑业、海洋电力业、海水淡化与综合利用业、海洋交通运输业和海洋旅游业等。

第五部分

公众参与

改善海洋环境,共建美好未来

98 公众如何参与海洋环境保护？

公众参与海洋环境保护包括以下几个方面：

（1）减少碳效应。做到低碳出行以控制海洋酸化程度，从而降低对珊瑚礁和海洋生物的危害。选用公共或者低碳排放的交通工具，在家用电器的选择上也以节能性作为考量。

（2）减少塑料垃圾。减少塑料制品的使用，提高塑料用品回收率，坚决抵制使用一次性塑料制品。例如，塑料瓶、塑胶袋和塑料吸管，从而减少排放到海洋中的塑料垃圾。

（3）保护海滩环境。在离开海滩时带走自己的垃圾，并尽量帮助收走他人遗留的废弃物，积极参与海滩清洁活动。

（4）鼓励企业和商家参与环保。保护海洋生态环境是每个人的职责，应积极鼓励身边的企业或商家投身环保事业中。

（5）选用生态环保产品。例如，选用海洋回收塑料品制成的产品。

（6）更了解大海。多添加有关公众号，并订阅相关的信息推送，了解海洋基本知识和最新资讯，积极传播海洋环保理念。

（7）做一个有责任心的海洋使用者，不要向海中投掷垃圾，也不投掷影响海洋生物的任何物品。

（8）支持致力于海洋保护的组织。定期捐赠或者参与志愿者活动，这是我们能为海洋保护做的最直接的贡献。

99　世界海洋日是哪天?

联合国于第 63 届联合国大会上将每年的 6 月 8 日确定为"世界海洋日"。

100　发现船舶可能造成海洋环境污染要怎么做?

任何单位和个人发现船舶及其有关作业活动造成或者可能造成海洋环境污染的,应当立即就近向海事管理机构报告。

101　如何发挥社会组织和媒体在海洋污染防治中的作用?

首先,要充分发挥社会组织科普宣传的作用,通过开展海洋环境志愿者服务活动、社区宣传、分发科普读物、开办科普讲座等形式向公众普及海洋污染的危害、海洋污染防治法律法规以及海洋污染防治措施等,引导公众积极参与和支持海洋污染防治工作。

其次,通过组织专家论坛、海洋环保交流会、研讨会等形式及时向政府相关部门提交海洋污染防治意见和建议,为海洋环境污染防治工作建言献策。

最后,社会组织应充分发挥社会监督作用的民间力量,对政府、企业及个人在海洋污染防治中的责任进行监督,及时发现和纠正污染防治中的不当决策,加强与企业的交流,对企业海洋污染防治工作提出建议,同时,对企业可能产生的海洋污染行为,及时向有关部门反映。

102 减少和预防海洋垃圾产生我们能做些什么？

我们可以从自身做起，减少日常生活垃圾的产生，并同时鼓励朋友、家人和同事参与海滩垃圾清理工作，为维护蓝色家园的清洁做出一点贡献。减少塑料制品的使用；生活中不随手乱丢垃圾，做好生活垃圾分类；不使用一次性塑料制品，选择可重复利用或易回收的产品，如自带餐具，拒绝塑料购物袋等；停止使用含有塑料微珠的个人护理品和清洁用品；尽可能选择天然纤维材料的衣物，特别是需要经常洗涤的物品；向家人和朋友宣传海洋环境保护知识；积极参加志愿者活动。

103 人类怎样应对海洋灾害？

（1）提高全民防灾减灾的意识

防灾减灾既是一项经济工作，又是一项社会工作，随着沿海开发力度的增大，我国沿海地区的灾害风险度和脆弱性也在增加。当前，要让全社会形成了解海洋灾害、认识海洋灾害、预防及远离海洋灾害的意识，特别是在中小学生中加强防灾减灾的宣传教育，提高学生的忧患意识，面对海洋灾害，形成"防患未然—处变不惊—灾后重建"的科学态度。

（2）减少人类负面影响

实现海洋与海岸带综合管理，是防治海洋灾害的关键。通过控制沿海采砂、禁止破坏红树林和珊瑚礁，减少向海洋排污等有效措施，保护海洋资源和环境；按照海洋功能区划合理安排布局港口、城市、旅游点、工矿、农田等一切涉海活动，实现海洋的有序利用。

（3）加强减灾工程建设，积极应对全球气候变化

建设海堤和沿海防护林，修复沿海湿地，可以抵御风暴潮、海浪、海岸侵蚀；入海河流修建挡潮闸，可以防止海水倒灌；地下水回灌可以减轻沿海地面下沉。通过工程措施和生物措施相结合，提高减灾工程的质量和技术水平。海洋灾害受全球气候变化影响深刻，全球海平面上升及厄尔尼诺现象、拉尼娜现象等，都加剧了我国海洋灾害的暴发，应对全球"海－气""海－陆"变化，制订应急预案。

（4）健全和完善预报预警系统及救援队伍

海洋灾害防治是一项系统工程，需要海洋、水利、交通、地震、农业、旅游、通信等多部门协作，通过卫星、船舶、基站、浮标等监测设备，建立灾害预报、预警网络，及时发布灾害信息，准确跟踪灾害发生、发展、移动、消亡的轨迹，全面评估灾害损失。建立装备精良的救援队伍，随时应对灾情。另外，加强与国际海事组织、气象组织的合作，使我国海洋灾害监测网成为全球海洋监测系统的一部分。

104 核污水排海，个人如何做好防护？

面对核污水排海的问题，普通民众需要采取一些个人防护措施，以

确保自身的健康与安全。

（1）注意食品安全，选择可靠渠道的食品

关注食品的来源，选择可靠渠道的食品，特别是海产品。购买有相关食品检测认证的产品，或者选择知名品牌和供应商的产品。

提倡多样化饮食，多样化饮食有助于降低个人接触核污染的风险。适当增加蔬菜、水果和谷物的摄入量，平衡膳食结构，减少对海产品的过度依赖。

（2）做好个人防护措施

减少接触受影响区域：尽量避免在受影响区域进行长时间游泳、潜水或捕鱼等活动。如果必须在这些区域活动，应尽量缩短接触时间，降低潜水深度。

佩戴防护用品：佩戴适当的防护用品，如手套、鞋套和防护服等。这些措施可以减少皮肤和呼吸道与潜在污染物接触的风险。

做好个人卫生：保持良好的个人卫生习惯，经常洗手、洗澡，特别是在接触可能受到污染的环境后。避免将污染物带入家中，保持居住环境的清洁。

避免直接沾染雨水：放射性的粉尘和水蒸气在大气中随着气流传播，可传播到很远的地方，尤其是进入平流层。放射性粉尘和水蒸气通常通过雨水落到地面。因此，在下雨天，尽量避免直接沾染雨水，并且要密切注意新闻，包括核污染方面的新闻及天气预报。

（3）保持理性和科学的态度

面对核污染问题，应保持理性和科学的态度。关注权威的科学研究和专家的观点，避免相信和传播未经证实的谣言和不实信息。科学的防护措施是有效应对核污染的基础，我们应依据科学的结论来制订自己的防护计划。